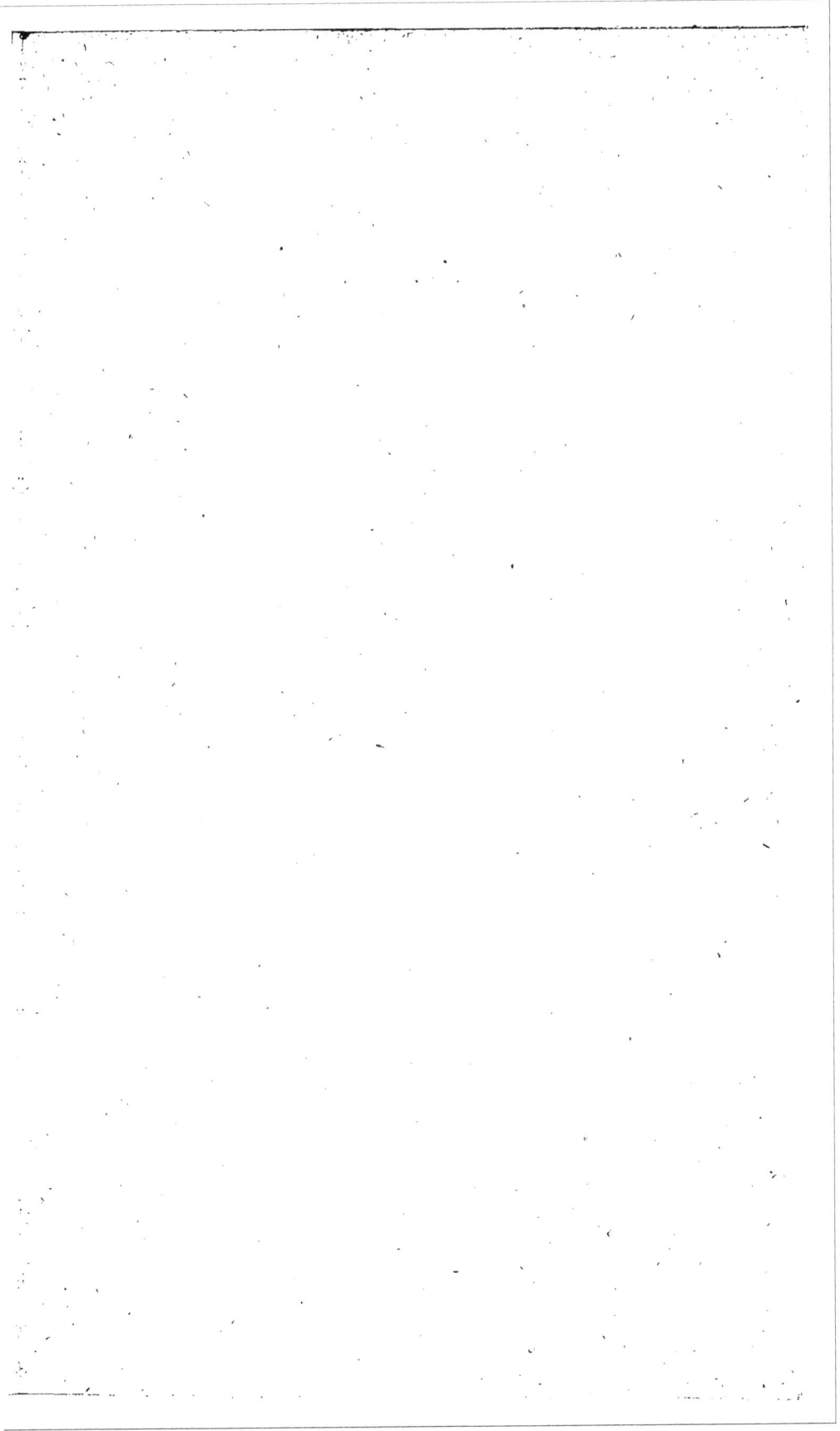

Ch. Gomart

816

DES

MOYENS DE DÉVELOPPER

LA

CULTURE DU LIN

EN FRANCE.

LAON.

IMPRIMERIE DE ÉD. FLEURY ET AD. CHEVERGNY,

Rue Sérurier, 22.

1852.

DES

MOYENS DE DÉVELOPPER

LA

CULTURE DU LIN

EN FRANCE.[1]

Avant l'application de la mécanique à la filature du lin et lorsque la production des fils et des tissus était partout l'ouvrage de fileuses isolées, la France était supérieure à l'Angleterre. Les provinces du Nord et du Sud-Ouest de la France étaient alors le siège de l'industrie linière, non pas que ces pays aient jamais eu le monopole de ce genre de fabrication, mais parce qu'elle s'y était plus développée, grâce aux circonstances locales, et qu'on y trouvait généralement les ouvriers les plus habiles. L'Espagne, l'Italie, l'Allemagne, l'Angleterre elle-même avec ses Colonies, étaient nos tributaires, et la supériorité des fileuses françaises était incontestable. D'après les renseignements contenus dans la statistique de l'Aisne, par Brayer, la fabrique de Saint-Quentin entretenait en 1789, dans un rayon très rapproché de la Ville, 78 mille fileuses de lin et près de 6 mille tisseurs, livrant annuellement au commerce

(1) Ce rapport a été lu au Congrès des délégués des Sociétés savantes réuni à Paris, et les conclusions, présentées par la section d'agriculture, en ont été adoptées, dans la séance du 17 mars 1852.

145 mille pièces de batiste, dans l'achat desquelles on voit figurer en 1789, savoir :

La France et ses Colonies pour. .	51,700 pièces.
L'Espagne	30,000
L'Allemagne.	24,000
La Hollande	12,000
L'Angleterre.	10,000
L'Italie. . . . . . . - . .	1,000
La Russie.	6,000
Le Portugal	1,000

145,700 pièces.

La méeanique, cette puissance moderne, appliquée à la filature du lin, a opéré une révolution dans cette industrie et nous a enlevé en partie cette branche si intéressante de notre production indigène. La France a été atteinte dans ses intérêts les plus chers et d'autant plus vivement qu'elle y était moins préparée. La filature et le tissage du lin, ces deux sources si précieuses du travail et de la richesse de nos campagnes, sont aujourd'hui presque taries. Les toiles fabriquées à la main, les batistes par exemple, tiendront encore leur place dans le commerce; mais, la batiste, malgré sa richesse, ou plutôt à cause de sa richesse, ne sera jamais qu'un produit de luxe d'un usage borné, car les produits de l'industrie mécanique, quoique très bons et très beaux, sont toujours différents de ceux provenant du travail à la main. Ce n'est point de la qualité, de la régularité, ni de la beauté que j'entends parler, mais de la souplesse, de l'élasticité, de la finesse, de la force indestructible des belles batistes que jamais la mécanique ne pourra remplacer. Les fils à la main, avec les progrès de la filature mécanique, ne seront désormais qu'une industrie restreinte.

Le lin se travaille aujourd'hui à la mécanique avec une économie et une perfection dont on n'avait pas d'idée il y a un demi-siècle, et désormais la filature et le tissage mécaniques sont appelés à satisfaire à l'augmentation assurée de la consommation des toiles. Le développement de la manufacture sera d'autant plus grand que la mécanique a pour elle : 1° l'avantage du bon marché pour lequel l'ancienne fabrication ne saurait entrer en lutte avec elle; 2° le peignage mécanique supérieur au peignage à la main, en ce qu'il fait moins d'étoupes; 3° le parti que les machines peuvent tirer des étoupes, auparavant rejetées comme matière de rebut. Le problème auquel l'empereur Napoléon (dans le désir d'opposer, en France, une rivale à l'industrie anglaise), attachait une si grande importance et pour lequel il avait proposé une prime d'un million, est aujourd'hui résolu.

C'en est fait de la vieille industrie du filage à la main, elle est condamnée à disparaître sans retour. Est-ce un bien? est-ce un mal? Je n'examinerai pas cette question délicate. C'est un fait que je constate.

L'industrie marche à grands pas, elle remue la société française jusque dans ses profondeurs; loin d'arrêter ses progrès, nous devons les accepter, mais en même temps nous devons chercher à tirer parti de ses innovations, dans l'intérêt de nos populations rurales. Il ne faut pas laisser sans compensation dans nos campagnes l'immense lacune que la cessation du filage à la main a produite dans la chaumière; les souffrances de nos populations rurales, quoique passagères, n'en sont ni moins profondes, ni moins douloureuses. Nos fileuses, nos tisseurs se comptent par millions; ils sont laborieux, sobres; qui pourrait voir sans une émotion profonde cette population de femmes, de vieillards, privée de son modeste gagne-pain? Dans ces circonstances, nous devons envisager la question sous une nouvelle forme; il s'agit, non de chercher à rétablir l'ancienne industrie des fileuses, mais de retenir dans les campagnes une grande partie de la population, en développant la culture du lin jusqu'à ce que la production soit en rapport avec les besoins de la consommation. C'est vers l'agriculture qu'il faut tourner nos efforts; c'est à elle qu'il faut demander les lins teillés que le commerce va chercher aujourd'hui en si grande quantité en Russie, en Hollande et en Belgique.

La culture du lin, par l'agriculture française, aidera à combler la lacune produite dans les campagnes par la cessation du filage à la main, d'autant mieux que cette plante exige beaucoup de main-d'œuvre et de grands travaux agricoles.

Qu'on suppose maintenant cette dépense de main-d'œuvre appliquée par l'agriculture à l'énorme quantité de lins teillés, fils et toiles, que la France tire encore chaque année de l'étranger, on aura trouvé une ressource nouvelle pour les ouvriers et ouvrières de la campagne, déshéritées de l'industrie du filage à la main par la mécanique.

Quelles sont aujourd'hui les matières premières employées par les filatures de lins et d'où proviennent-elles?

La filature mécanique emploie aujourd'hui, dans le département du Nord, des lins de toute provenance, mais particulièrement des lins de Russie, parce qu'ils coûtent moins cher et conviennent mieux pour les gros numéros. On estime plus ou moins les lins teillés, selon qu'ils viennent d'une contrée ou d'une autre et selon la nature des eaux qui ont servi au rouissage et le plus ou moins de soins apportés à cette opération.

Les lins de Russie arrivent de Riga et de Saint-Pétersbourg par les ports de Dunkerque, Calais, Boulogne, Abbeville, Rouen; ils sont généralement en grosses bottes emballés dans des nattes. Les balles russes ont un poids inégal qui varie de

160 à 200 kilos. Les lins russes sont rouis sur la terre, sur la neige; ils seraient aussi bons (quoique un peu secs) que les lins de nos pays, s'ils étaient rouis dans l'eau, par les bons procédés employés en Belgique et dans le Nord de la France. Un kilo de lin teillé russe vaut, en moyenne, rendu en France, droits payés, de 90 centimes à 1 francs 30 centimes.

Les lins de Hollande arrivent par Anvers, traversent la Belgique, pour parvenir à Lille. Ils sont emballés avec beaucoup de soins dans des sacs qui tous ont le même poids de 102 kilos environ et contiennent 36 bottes de cinq poignées. Les lins de Hollande sont rouis à l'eau croupissante, ce qui leur donne souvent une couleur noirâtre fort recherchée pour certains emplois, les écrus par exemple; les mêmes lins que l'on emploie presque noirs acquièrent, par le blanchissage, une blancheur plus éclatante que les lins jaunâtres rouis sur terre, comme on est forcé de le faire dans les pays où l'eau est rare. Un kilo de lin teillé de Hollande vaut en moyenne de 1 franc 20 centimes à 2 francs.

Les lins de Belgique, surtout ceux des environs de Malines, sont les plus estimés et se paient quatre ou cinq fois plus cher que les lins Russes. Ils se vendent par bottes, à l'ancien poids de 14 onces pour livre, les bottes pèsent une livre et demie de ces livres. Le prix des lins belges ordinaires est à peu près le même que celui des lins français. Les lins belges sont généralement rouis à l'eau : ceux qui sont rouis dans l'eau courante sont blancs et ceux rouis dans l'eau stagnante brun-gris. Dans les contrées où l'on manque d'eau, on rouit sur terre. Les lins rouis de la sorte ont pour la qualité et la couleur beaucoup d'analogie avec les lins Russes.

Tous les lins teillés étrangers, importés en France, par navires français, payent cinq francs, plus dix pour cent par cent kilos. — Par navires étrangers et par terre, cinq francs cinquante centimes et dix pour cent par cent kilos, quelles que soient la qualité et la valeur des lins introduits. C'est en 1825 que les premiers fils anglais ont été introduits en France; ces fils étaient le produit de lins Russes filés à la mécanique à Leeds et Aberdeen. C'était alors peu de chose, car ce fut seulement en 1831 que le système de la filature mécanique du lin, arriva en Angleterre à son point de maturité. Malgré la position différente des industriels français et anglais en ce qui concerne les dépenses premières d'établissement, les moteurs, le fer, le charbon, l'éclairage, les assurances, etc., des filatures de lin à la mécanique s'établirent alors dans les départements du Nord de la France, en dépit des obstacles qui les entouraient, des charges qui les grevaient, et de la perspective d'une lutte contre une industrie déjà vieille et qui prospérait depuis long-temps. Le gouvernement eut le tort, à cette époque, de ne pas protéger de suite, par des droits à l'entrée sur les nouveaux fils introduits en France, tout à la fois et les filatures naissantes et l'ancienne industrie des linons et batistes si importante pour un grand nombre de départements, parmi lesquels le département de l'Aisne figure au premier rang ; aussi, lorsque, par la loi du 6 mai 1841, une augmentation de tarifs fut enfin décrétée par les chambres, une grave atteinte était déjà portée au commerce des fils de lins et tissus français qui avaient perdu leurs débouchés sur presque tous les points où ils avaient été remplacés par des produits anglais. Tout ce qu'on put faire, ce fut de reconquérir le marché français, et encore n'y parvint-on qu'à l'aide de la législature.

À l'abri de cette protection, les filatures françaises prirent plus d'extension, et aujourd'hui la France possède 105 filatures de lin, faisant mouvoir 244 mille broches. Parmi ces établissements, le département du Nord possède à lui seul 50 filatures faisant mouvoir 112 mille broches. (1) Les produits de nos filatures rivalisent, avec avantage, avec les fils anglais, et les importations des fils étrangers et des toiles ont diminué à mesure que nos filatures se développaient. Du reste, il est difficile d'établir ce point mathématiquement, parce que depuis, la consommation a considérablement augmenté.

Si on veut se faire une idée de l'immense développement que la filature du lin a pris en Angleterre, il suffira de consulter le rapport de M. Horner, inspecteur des manufactures, qui constatait déjà en 1834, savoir :

En Ecosse.	159 filatures.
En Irlande	32
Dans le nord de l'Angleterre .	152
TOTAL.	343 filatures.

Depuis, le progrès, loin de se ralentir, s'est encore activé, si nous consultons une lettre de juin 1838, de M. Laherard, de Leeds, qui disait : « A Leeds, on compte 500 filatures de lin. » M. Marshall en possède trois qui occupent 1,700 ouvriers et » 400 peigneuses. »

Ainsi, en 1838, le nombre des filatures de lin dans la seule ville de Leeds était de 500, et on en construisait encore...... Si on considère la puissance de chacune de ces manufactures dont quelques-unes font mouvoir 30 à 40 mille broches, on se fera

(1) Une broche, dans une filature mécanique, produit par jour de 5,300 à 5,600 mètres de fil (suivant la torsion plus ou moins forte) en n° 30, pesant de 140 à 160 grammes. Ce chiffre varie suivant le numéro filé, de moitié en plus, si on fait moitié plus gros, de moitié en moins, si on fait moitié plus fin.

une idée de la quantité immense de produits que cette industrie, qui date d'hier, jette sur tous les marchés du monde.

Malheureusement, en même temps que la filature mécanique du lin se développait en France, l'introduction des lins teillés de Russie, de Hollande et de Belgique prenait de plus grandes proportions. Ainsi, pour ne parler que des lins teillés, l'importation qui n'était en 1827 que de 461 mille kilos, s'élevait en 1838 à 844 mille kilos. — En 1843 à 6,679,000 kilos. — En 1850 à 17,854,000 kilos.

Ces chiffres parlent d'eux-mêmes; ils montrent clairement que si la loi de mai 1841 a affermi chez nous une industrie nouvelle, si elle a ouvert de nouveaux ateliers de travail, si elle nous a relevés de l'infériorité dans laquelle nous étions vis-à-vis de l'Angleterre, elle n'a pas fait faire un pas à la production indigène du lin en France. Au contraire, cette production a diminué partout où elle avait lieu.

Quels sont donc les moyens de relever la production des lins et de la mettre à la hauteur des besoins de l'industrie? Avant de répondre à cette question, voyons ce qu'on a tenté, depuis quelques années, en Angleterre.

L'Angleterre, qui a recueilli presque seule jusqu'alors le bénéfice de la filature et du tissage mécanique des lins, tirait encore, il y a douze ans, les neuf dixièmes des lins nécessaires à ses filatures, de la Russie et de la Hollande; frappée des avantages qu'il y aurait à tirer de son sol les lins qu'elle allait chercher en Russie, elle a tourné les yeux vers l'Irlande, pour y développer la culture du lin, que les désastres subis par la maladie des pommes de terre, l'abaissement du prix de la main d'œuvre, devaient rendre profitable pour cette contrée.

Une association puissante s'est organisée en 1841, sous le patronage de la Reine. Cette *Société royale pour le développement et l'amélioration de la culture du lin, en Irlande*, soutenue par les nombreuses souscriptions des notabilités de la Grande-Bretagne et les secours du gouvernement, subventionne aujourd'hui trente ingénieurs qui vont chez les fermiers pour les aider de leurs conseils, avec mission de répandre les meilleurs procédés pour la culture des lins, l'extraction de la graine, et la préparation des fibres textiles que produit cette plante.

Le sol de l'Irlande, amélioré par le drainage, paraît convenir à cette culture qui y a pris, depuis 1841, un immense développement. Une statistique, dressée en 1848 par le gouvernement anglais, présentait une surface de terres cultivées en lin de 120,000 hectares qui, donnant chacun 500 kilos de lin, produisaient une récolte de 60,000,000 kilos, produit bien plus considérable que celui de la France qui, d'après la statistique de M. Moreau de Jonnès, ne livre pas aujourd'hui annuellement

100,000 hectares à la culture du lin, (tandis que le colza cou-
vrait en France, déjà en 1848, 174,000 hectares).

La réussite de la culture du lin en Irlande ne paraît plus
douteuse, d'après l'extension extraordinaire qu'elle y a prise,
et, si l'Irlande ne fournit pas encore aux filatures anglaises tout
le lin dont elles ont besoin, on reconnaîtra qu'elle est dans une
excellente voie.

Ce que vient de faire l'Angleterre, la France peut et doit le
faire avec d'autant plus de succès que, déjà, dans la Flandre et
dans la Vendée, la culture du lin est dans de très bonnes
voies. C'est donc vers l'agriculture qu'il faut tourner nos efforts.
C'est vers le développement et l'amélioration des moyens de
culture du lin qu'il faut porter nos forces actives, de manière à
produire, avantageusement et en quantité suffisante, la plus
grande partie des lins que le commerce fait venir aujourd'hui
de la Russie, de la Belgique et de la Hollande.

Je dis *la plus grande partie*, parce qu'il est reconnu qu'il y a
des espèces de lin que la France n'a pu produire jusqu'alors.
Les uns gros et durs, bons pour remplacer le chanvre, comme
les lins de Frise; les autres très fins et très soyeux, comme les
lins de Saint-Nicolas (entre Anvers et Malines).

Il convient d'appuyer nos fabriques qui consomment sur le
sol qui produit et dont le travail ne nous fit jamais défaut.
Quoi qu'on fasse, la manufacture sera toujours liée au sort de
l'industrie agricole qui lui fournit son aliment, et, pour que sa
prospérité se soutienne, il faut que l'agriculture puisse la
suivre dans sa marche et répondre à ses besoins. Tous les
efforts doivent tendre à relever une industrie qui a fait si long-
temps notre gloire et notre prospérité, en lui fournissant économiquement les lins qu'elle va demander aujourd'hui à l'étranger. Cherchons à nous affranchir du tribut énorme que nous
payons annuellement à la Russie pour les lins qu'elle nous
fournit et prenons bien garde de nous laisser devancer, dans
cette culture, par les Etats-Unis qui tendent aujourd'hui à
s'emparer de la production du lin, comme ils se sont emparés
de celle du coton. On n'a pas oublié que la culture du coton
aux Etats-Unis ne remonte qu'à un peu plus d'un demi-siècle
et que jusqu'en 1781 on avait même douté que le sol et le
climat pussent se prêter à la culture du cotonnier.

Les 40 millions de matières premières introduites de l'étranger en France, sous forme de lins teillés, fils ou tissus, exige-
raient annuellement une mise en culture supplémentaire de
plus de 80 mille hectares de lins qui répandraient, à raison au
moins de 400 francs de manutention agricole par hectare, la
somme énorme de 32 millions. Quelle mine d'or pour nos ouvriers agricoles, déshérités de l'ancienne industrie du fil à la
main, indépendamment de la filature et du tissage mécanique
de ces produits par les ouvriers industriels.

Une autre considération se présente ici, c'est que l'extension de la culture du lin n'aura pas seulement pour objet la production en grand, par notre agriculture, d'une plante industrielle d'un large débouché, mais elle doit avoir encore pour but final la substitution du lin, pour l'usage, au coton dont la production devient insuffisante et, dans un avenir peu éloigné, de nous fournir des tissus plus beaux et plus solides. Aujourd'hui que cette industrie possède les mêmes éléments de puissance, qu'elle marche à grands pas, il est permis de croire qu'elle ne tardera pas à s'élever aussi haut que sa rivale ; son influence bienfaisante sera d'autant plus sensible, que la plante qui fournit la matière première est un végétal propre à nos climats. Qu'on ne s'effraye pas de l'extension de la culture du lin par rapport aux céréales. Les terres employées à la culture du lin ne diminueront en rien celles livrées à la production du blé, mais tendront à diminuer la culture du colza qui depuis peu d'années a pris un développement extraordinaire.

Le lin, qui demande une terre bien préparée et bien fumée donne lui-même les moyens de réparer les emprunts qu'il lui a faits. Outre ses tiges, le lin produit des graines qui fournissent une huile abondante, dont le résidu forme tout à la fois une excellente nourriture pour les bestiaux et un précieux engrais.

Pour soutenir la production du lin en France et donner de l'extension à cette culture, il faut que les droits qui protègent la production de la matière première soient en rapport avec ceux qui protègent maintenant les lins filés et les toiles. C'est tout le contraire qui a lieu aujourd'hui : ainsi, tandis que les fils français sont protégés depuis 1841 par un droit plus que double de ce qu'il était auparavant, les droits sur les lins teillés étrangers sont abaissés, de 10 francs qu'ils étaient d'après la loi du 27 juillet 1822, à 5 francs, taux actuel. La France peut produire le lin et le chanvre en abondance, mais elle ne peut le faire à un taux de revient aussi bas que la Russie. Nos lins sont d'une qualité supérieure aux lins russes ; mais, pour la finesse, nous sommes encore vaincus par les hollandais et les belges qui produisent les qualités supérieures plus couramment que nous. Que l'industrie soit protégée, rien de mieux, mais protection égale pour l'agriculture ; le gouvernement paraît du reste disposé à entrer dans cette voie et à modifier le tarif des douanes de manière à protéger la production indigène.

CONCLUSIONS.

1° Elever les droits sur les lins teillés, à leur entrée en France, de manière à protéger efficacement la production indigène de cette plante.

2° Accorder l'entrée en franchise des graines de lin provenant de Riga, spécialement destinées à l'ensemencement des terres, ce qui rendrait le renouvellement de la semence moins onéreux pour les cultivateurs.

3° Distribuer des primes à l'extension de la culture du lin, dans tous les centres agricoles où les perfectionnements de l'agriculture rendent cette culture avantageuse.

4° Répandre dans les campagnes des traités simples et pratiques des meilleurs moyens de cultiver le lin avec avantage.

5° Enfin, introduire dans les régions où le lin est cultivé, des modèles de chacun des principaux appareils, ustensiles et machines perfectionnés, propres à battre, rouir et teiller le lin.

Nous avions le dessein de borner ici notre examen de la question des lins; mais, sur la demande de quelques personnes à qui nous avions communiqué les renseignements que nous possédions sur la culture du lin, nous avons mis en ordre ces notes pratiques, en y ajoutant quelques faits puisés dans,

1° *Essai sur la culture du lin*, par M. A. Rogé, de Cambrai. 1830.

2° Rapport, à M. le Ministre, sur *la culture perfectionnée du lin en France, en Belgique et en Hollande*, par M. Mareau. 1851.

3° Rapport, à M. le Ministre, *sur le rouissage et le teillage des lins en Irlande*, par M. Payen. 1851.

4° *Notice sur la culture et la préparation du lin*, par M. Dorey, le Havre, 1852.

La surveillance du grand propriétaire ne peut s'étendre avec fruit sur tous les soins minutieux que demande la réussite de la culture du lin, obligé de se servir de journaliers pour un travail qui exige tant de soins et d'intérêt. La culture de cette plante est plus soignée et plus fructueuse là où la propriété est plus divisée, surtout chez les petits cultivateurs assez aisés, assez instruits dans leur art et chez lesquels tous les bras de la famille sont employés. Rien ne peut remplacer, dans la culture du lin qui exige une grande main-d'œuvre, l'œil et la main du maître, réparant les moindres accidents aussitôt qu'ils paraissent, ce qui n'est pas possible dans une forte culture. Aussi, l'agglomération de la propriété dans une seule main, les exploitations agricoles importantes sont en général des obstacles à l'extension de la culture du lin.

Le lin demande un sol riche et très-meuble, silico-argileux, bien amendé et nettoyé des années précédentes. Les contrées montueuses et composées de terres argileuses peu profondes, sablonneuses, crayeuses ou marneuses, sont peu propres à la culture du lin. Il faut à cette plante une terre de vallée douce et chaude. Les terrains humides et froids ne conviennent pas parce qu'ils ne peuvent être labourés, hersés, ameublis, en temps utile; mais, quand on peut remédier à l'excès d'humidité par des fossés, le sol ainsi assaini conserve une fraîcheur convenable à la culture du lin. Le terrain choisi doit être un peu incliné au midi. Les prairies naturelles, entourées et coupées par des fossés qui leur ont ôté leur excès d'humidité et sur lesquelles on a répandu le limon des fossés avant l'hiver, sont très propres à produire les plus beaux lins. Dans les prairies rompues, le lin donne presque toujours un produit très abondant en filasse et en graine. Les trèfles manqués, traités de la même manière, conviennent aussi, pourvu que le sol soit propre et riche.

Le lin pousse inégal et jaunit quelquefois, dans une terre nouvellement chargée de fumier. Cette plante réussit mieux dans un terrain engraissé de longue date. La fumure se place dans la récolte qui précède le lin, de manière que le fumier de ferme soit entièrement réduit, lors de l'empouille du lin. En Hollande, on ne fume la terre que tous les sept ans; on place le lin dans la troisième année après la fumure.

Les fumiers froids ou de vache sont préférables aux fumiers chauds pour les *lins de fin*. Il est reconnu que les fumiers chauds produisent une tige d'un vert plus foncé qui paraît plus robuste, mais moins estimée dans le commerce parce que la soie en est plus dure et plus sèche. Cette dernière, quoique souvent plus longue d'une palme (11 centimètres) est moins pesante, à poignée égale, que la soie recueillie au moyen d'un engrais froid. Les autres engrais qu'on emploie, tels que les urines fermentées, les vidanges mêlées de tourteaux, les composts, les engrais pulvérulents, la poudrette, le noir animal, le guano, les cendres pyriteuses noires ou rouges, conviennent suivant les terrains; mais cependant ils doivent être classés suivant qu'ils sont moins ardents pour obtenir de beaux lins de fin.

M. Payen, dans son rapport, dit que l'analyse a conduit la compagnie anglaise, pour la culture du lin en Irlande, à conseiller la composition suivante d'un engrais spécial pour le lin.

Os pulvérisés	24	kil	50	coûtant 3 f.	75 c.
Chlorure de potassium . . .	15		61	2	95
Chlorure de sodium (sel marin) .	21		77	»	34
Plâtre cuit en poudre	15		52	»	63
Sulfate de magnésie	25		40	4	64
	100		70	12	52

Lorsque la terre n'est pas dans un état d'engrais suffisant et qu'il y a nécessité d'employer le fumier de ferme, on transporte, pendant l'automne, environ 25 à 30 voitures de fumier, à l'hectare, que l'on a choisi le plus court possible. On enfouit ce, fumier immédiatement avec le braban ou toute autre charrue en usage dans la contrée. Quand, au contraire, la terre a été amendée pour la récolte précédente, ce qui est préférable (pour un · récolte de chanvre par exemple), on binote la terre immédiatement après l'enlèvement de la récolte. On donne un bon labour avant l'hiver.

Le terrain doit être fouillé profondément, car on sait que le lin pénètre dans le sol quelquefois jusqu'à une profondeur de cinquante centimètres; en mars, on rabat la terre avec la herse que l'on fait passer plusieurs fois. Assez généralement, on répand alors sur la terre soit des engrais liquides ou pulvérulents, des composts, etc. L'emploi de ces engrais est presque immédiatement suivi d'un hersage à la suite duquel on fait les semailles. La terre ne saurait être trop fine ni trop douce pour recevoir la semence ; on s'attache particulièrement à rendre très meuble la ouche supérieure du sol, en conservant au reste de la couche arable, sa fraîcheur, sans offrir trop de résistance aux racines de là plante.

Les terres destinées à la culture du lin sont préparées, en Hollande et en Belgique, trois ans d'avance et de la manière suivante :

PREMIÈRE ANNÉE. — Bêcher, engraisser, mettre de la gadoue, semer du chanvre, ou planter des pommes de terre.

DEUXIÈME ANNÉE. — Retourner la terre avec la charrue, engraisser, semer de l'orge ou du froment.

TROISIÈME ANNÉE. — Retourner la terre avec la charrue, y mettre de l'engrais et de la gadoue et semer le lin au mois de mars.

Au dire des liniers, la meilleure empouille qui puisse précéder le lin, c'est une récolte de chanvre; elle assure presque toujours une bonne récolte de lin. En bonne culture, le lin ne doit se présenter que tous les sept ans, dans la rotation de l'assolement. On cite quelques exceptions à cet égard ; cependant on est unanimement d'accord qu'il y a avantage, même pour les meilleures terres, à varier les semences par un bon assolement. C'est l'opinion des cultivateurs flamands qui alternent leur culture au moyen du blé, de l'avoine, du lin, du trèfle, du chanvre, betteraves, colzas et navets, de manière à ce que chaque semence ne revienne qu'une fois dans le cours de la rotation. On nous a cité divers assolements sexennaux, combinés de manière à faire entrer deux récoltes améliorantes ou sarclées, avec fumure abondante, afin d'obtenir deux récoltes de plantes sarclées, de sorte que la même plante ne puisse revenir qu'une fois dans la période sexennale.

M. Rogé signale une singularité remarquable, c'est que le lin peut être reproduit trois et quatre années *de suite* dans le même champ, pourvu que la culture ne soit alternée par aucune autre plante. « Seulement, après chaque récolte, ou

» sème des navets qu'on ne recueille pas, mais qu'on enfouit
» là où ils viennent avec une petite portion de fumier. Il est
» rare qu'on puisse répéter plus de trois fois une récolte si
» extraordinaire; à la quatrième le lin brûle, c'est-à-dire
» jaunit, blanchît et disparaît. Les parties nutritives nécessaires
» à la végétation de cette plante, sont entièrement épuisées
» dans la terre qui l'a produite plusieurs fois.

» La particularité que je fais remarquer n'est pas commune
» aux autres variétés de lins qui doivent toujours être obtenues
» par l'assolement sexennal. On peut semer sans nouvel engrais
» toute espèce de plante qui demande une terre grasse. Il en
» serait de même de la terre qui a produit le lin de mai, si elle
» avait été fumée avant les semailles de lin. »

La beauté de la récolte dépend, en grande partie, du choix
de la semence. En général, on préfère la graine longue et épaisse
à la graine grosse et courte. La bonne graine est toujours égale
et d'un poids élevé.

On cultive le lin pour obtenir soit des *lins de mars*, soit des
lins de mai. Le lin de mars est fin et nerveux tout à la fois.
Lorsqu'il est ramé, il fournit les fils les plus fins et les plus
précieux; c'est pourquoi on le nomme *lin de fin*. Le lin de mai
mûrit trop rapidement, il a les défauts du lin de Russie, il
fournit des fils plus forts et plus durs; c'est pourquoi on le
nomme *lin de gros*.

Pour obtenir ces espèces de lins, on ne se sert pas indifféremment de même graine, ni on ne la sème à la même époque.
Pour le lin *de mai* ou *de gros*, on emploie la graine de lin de
Riga qui est plus grosse, plus brune et plus rude au toucher
que celle qu'on récolte en France. Elle se vend par tonne avec
garantie de levée. Cette graine, semée en mai, produit un lin
plus élevé et plus fort que celui qui provient de nos graines
indigènes. On la désigne encore sous le nom de *graine de tonne
ou de première année*.

Pour obtenir le lin *de mars*, on emploie la semence qui provient de la première récolte du *lin de gros*. On nomme cette
graine *l'après-tonne* ou graine de seconde année. Cette graine
est plus petite, plus aplatie, plus allongée, moins brune et
tirant plus sur le jaune que la graine de Riga dont elle provient. Il semble qu'on obtient la soie d'autant plus belle que la
plante est plus délicate, ce qui explique l'espèce de dégénérescence qu'on est obligé de faire subir à la graine de Riga qui
produit une plante trop vigoureuse. On sème le *lin de mars* du
20 mars au 10 avril, suivant le temps favorable.

La graine de lin, pour ensemencement, dégénère ensuite si
rapidement qu'à moins d'une culture spéciale pour obtenir de
la bonne graine à semer, il est prudent de renouveler la semence. Cette dégénérescence si rapide tient en grande partie à
ce qu'on arrache les tiges de lin avant la complète maturité de

la graine. Aussi, quelques cultivateurs, notamment en Vendée, sont dans l'habitude, pour avoir de la bonne graine, d'attendre la maturité complète de la plante avant de l'arracher, laissant trop mûrir la tige au point de vue de la qualité de la filasse. En Flandre, on sacrifie la graine à la qualité du lin de mars.

La dégénérescence de la graine sera rendue très appréciable par la comparaison de la valeur commerciale dans nos contrées :

1° La graine de lin de Riga ou *de tonne* vaut à peu près en moyenne, ici, de 60 à 70 francs l'hectolitre rendu.

2° La graine de lin, *d'après tonne* ou de deuxième année, (*revelaer* en Hollande) vaut encore 40 à 45 francs l'hectolitre, de cultivateur à cultivateur.

3° La graine de lin de troisième année, ne vaut plus que comme graine à presser, 20 francs.

L'importance du choix de la graine se justifie par le haut prix que les cultivateurs flamands consentent à mettre tous les deux ans dans la graine de lin de Russie. Les cultivateurs qui poursuivent le double but d'obtenir à la fois de la bonne graine et de la bonne filasse, n'obtiennent souvent ni l'un ni l'autre de ces résultats. La culture doit être dirigée d'une manière tranchée, soit pour la filasse, soit pour la graine.

Le prix élevé de la graine de Riga a éveillé la cupidité des commerçants de mauvaise foi, et M. Dorey signale une fraude qui se pratique aujourd'hui dans le commerce. Elle consiste à acheter « à bas prix les fonds de greniers ou de magasins à
» prendre, pour enfermer ces graines mélangées et épuisées dans
» les bariques même qui ont servi au transport des graines de
» Russie, et à vendre ensuite le contenu comme étant de pro-
» venance étrangère. Ces fraudes portent un grave préjudice à
» l'agriculture, en trompant l'attente du cultivateur et en lui
» faisant perdre des sacrifices qu'il a faits pour obtenir une
» récolte qui lui fait défaut. Avec un peu d'attention on évitera
» facilement d'être dupe : mais il est pour le cultivateur un
» moyen sinon de faire disparaître entièrement, au moins de
» diminuer considérablement la fraude dont on cherche à le
» rendre victime, c'est de ne jamais revendre, mais de brûler
» plutôt, s'ils lui sont inutiles, les barils ou enveloppes qui
» contenaient la graine qu'il aura achetée ; car, ainsi, il anéan-
» tira le masque dont on se sert pour le tromper. »

A cette recommandation fort utile, nous ajouterons deux vœux. Le premier, que les barriques de graine de provenance de Riga soient plombées, à leur arrivée en France, par la douane française, de manière à rendre en France toute fraude impossible. Le second, c'est la suppression des droits d'entrée qui frappent aujourd'hui la graine de lin de Riga à son entrée en France, ce qui rendrait le renouvellement de la semence moins onéreux pour le cultivateur.

Avant de semer, le cultivateur doit purger la graine de lin de toutes les graines étrangères et de toute la saleté qui s'y trouvent mêlées. Pour cela, on se sert d'un crible à œils assez fins, pour que la bonne graine ne puisse passer, et on le manœuvre de manière qu'il puisse remplir à la fois les offices de van pour le lin et de crible pour les petites graines étrangères.

Dans la Flandre, on sème quelquefois des carottes ou du trèfle avec le lin, (à raison de 3 kilos de graine de carottes et de 10 kilos de trèfle à l'hectare) les carottes sont mises de préférence dans les terres légères et le trèfle dans les terres plus argileuses. On sème la carotte par-dessus le lin; pour le trèfle, il faut attendre que le lin soit déjà levé; sans cette précaution, le trèfle prendrait trop de développement et nuirait au lin.

Dans les terres légères, la semence la plus vigoureuse est celle qui convient le mieux; la graine de Riga supplée, en quelque sorte, par sa puissance végétative, à ce qui manque au sol. Dans les terres fortes argileuses, la graine *après tonne* donne des produits plus fins que ne le serait la graine de Riga.

La graine se sème, comme nous l'avons dit plus haut, à deux époques, suivant le lin qu'on veut obtenir. Lorsque la terre a été bien ameublie, on sème à la volée, en deux fois, pour la répartir plus également, vers dix heures du matin, par un beau temps, à l'hectare, à raison de

2 hect. 50 en graine de Russie.
3 h.   en graine d'*après tonne*.

On la laisse sur terre jusqu'à deux heures d'après midi. On recouvre par un ou plusieurs hersages; le lendemain on y fait passer le rouleau. Une terre riche peut recevoir plus de semence qu'une terre maigre.

La levée du lin s'effectue, pour le lin de mars, en 15 à 20 jours, pour le lin de mai, en 8 à 12 jours; plus la germination est prompte et plus la récolte a de chances de réussir. Pendant ce temps, le cultivateur devra détruire les taupes avec le plus grand soin. Le lin bien levé doit former une belle pelouse d'un vert tendre; lorsqu'il a atteint une palme, soit 8 à 10 centimètres de hauteur, il faut procéder au sarclage. Plus tôt il serait difficile de distinguer les mauvaises herbes; plus tard le lin se relèverait difficilement. Malgré la propreté de la graine et la netteté de la terre, il est impossible d'éviter le développement d'une certaine quantité de mauvaises herbes qui nuiraient à la plante. Il est donc indispensable de faire sarcler au moins une fois dans les terres propres et deux fois dans les terres moins bien tenues. Cette opération doit être faite par un grand nombre d'ouvrières en même temps, n'importe par quel temps, pourvu qu'il ne pleuve pas.

On fait sarcler à la main, en n'enlevant que les plantes étrangères et en laissant tout le lin levé; on a reconnu que les tiges qui ne grandissent pas (le tiers environ) forçaient les autres tiges à pousser droit, en les maintenant plus serrées.

Les ouvrières sarcleuses doivent marcher sur les genoux et aller contre le vent; de cette manière, elles nuisent moins à la plante qui se relève plus facilement. Plus les rangs des sarcleuses sont serrés, moins il échappe de mauvaises plantes, et moins le champ est piétiné par les allées et venues. Quand on doit sarcler deux fois, la seconde opération commence le plus souvent aussitôt qu'on a fini la première. Le sarclage coûte ici environ 36 francs l'hectare.

La gelée fait peu de tort aux lins, mais les vents lui sont très préjudiciables; s'ils sont froids, ils arrêtent la végétation de la plante qu'ils rendent *théon* ou fourchue; s'ils sont chauds, ils la dessèchent.

On attribue au fumier trop nouveau les taches qu'on remarque quelquefois au moment de la végétation. Dans ces places, le lin se chaufourne, s'échauffe, se brûle et meurt en blanchissant. Quelquefois, la tache va en s'agrandissant avec rapidité; dans ce cas, cet accident provient le plus souvent de ce que le lin s'est affaissé d'un côté et que cet affaissement empêche l'air de circuler entre les tiges et de les vivifier.

La floraison du lin a lieu ordinairement vers le commencement de juillet. Si le lin est bien venu, il fleurit également, sa tige est fine, déliée (non fourchue) et d'une nuance jaune-clair; sa hauteur est de 1 mètre, quelquefois plus. C'est à ce point de la culture du lin que se termine le plus souvent le rôle du cultivateur, dans une grande partie de la Flandre. Il vend, (à la razière,) son lin sur pied à des marchands de lin qui lui achètent sa récolte, pendant la floraison, à leurs risques et périls; le surplus de la main-d'œuvre est désormais à leur charge et le cultivateur n'a plus qu'à transporter la marchandise au lieu convenu, lorsqu'elle est sèche et bottelée. Une razière (42 ares 22) de lin sur pied se vend, dans le Nord, 400 francs, soit 880 francs l'hectare; dans les environs de Saint-Quentin, le lin sur pied se vend 2 fr. 50, soit 600 fr. l'hectare. Ces prix sont, du reste, subordonnés à la beauté de la récolte sur pied.

Au cultivateur forcé de récolter lui-même son lin, nous conseillerions d'avoir égard aux observations suivantes :

L'époque de la cueillette du lin est très importante et ne doit pas avoir lieu indifféremment, au même degré de maturité pour le lin *de mars* que pour le lin *de mai*.

Pour le lin *de mai*, (semé avec la graine de Riga) on attend, pour l'arrachage, que la graine ait acquis sa maturité. On n'a pas oublié que cette graine doit servir l'année suivante pour obtenir le lin *de mars*. La maturité a lieu vers le 15 août, mais on ne doit pas attendre l'ouverture des capsules; car alors on perdrait une partie de la graine.

Pour le lin *de mars*, la cueillette doit être faite dans les premiers jours de juillet, avant sa complète maturité, afin d'obtenir une belle filasse. Il est assez difficile de préciser exactement le degré de maturité convenable ; on nous a signalé : les tiges encore vertes, légèrement jaunes, la tête développée et formant une petite pointe, la graine verte, juteuse et s'écrasant sous une légère pression.

La cueuillette doit être faite par un temps sec ; l'humidité ferait noircir le lin et tout serait perdu, filasse et graine. Cette opération demande assez de surveillance, parce que la longueur des filaments, dans une même partie de lin, étant considérée comme un défaut essentiel, les cultivateurs soigneux font faire, lors de l'arrachage, des lots de tiges les plus hautes ; il suffit de faire mettre dans les mêmes poignées les tiges de même qualité.

L'arrachage coûte environ 30 francs l'hectare ; si le temps est sûr, on laisse les poignées de lin exposées au soleil pendant 24 heures pour donner des reins à la tige ; sans cela il est difficile de la dresser. Si le temps est incertain, il faut faire lier les poignées et les planter debout, trois par trois, en les écartant du pied. On retourne le lin le jour suivant et on le dispose en cloche après deux journées de beau soleil. On le met aussi en chaîne, en le recouvrant avec des bottes disposées en toit. La dessication s'opère graduellement. Une partie des sucs, passant des tiges dans les graines, la développe et murit. Huit jours suffisent dans les grandes chaleurs pour arriver à un degré de dessication suffisante.

L'usage de mettre le lin en petites bottes liées sous les capsules, pour en former des haies où ils sèchent, est emprunté de Courtray. Il est un autre usage qu'on suit actuellement dans les environs du Havre et que MM. Mareau et Dorey recommandent à l'attention des cultivateurs. D'après cette méthode, les hommes qui suivent les faneuses ne lient pas les tiges en bottes, mais ils en forment une haie à double pente.

« Pour commencer ce travail, on plante en terre un piquet,
» et c'est contre ce piquet que l'ouvrier appuie les deux pre-
» mières poignées, graine contre graine, les racines en dehors,
» de manière à former un toit aigu ; il allonge indéfiniment cette
» espèce de toit, en appuyant de nouvelles poignées contre
» celles qui sont déjà en place, alternativement d'un côté et de
» l'autre.

» Lorsque la rangée est terminée, et avant d'enlever le
» piquet, on marie ensemble, par la tête et à l'aide de quel-
» ques brins de lins, les cinq ou six poignées de chaque extré-
» mité ; et le tout, ainsi disposé, résiste parfaitement à l'action
» du vent.

» Cette disposition a l'immense avantage de permettre à la
» fanaison de s'opérer plus vite et plus régulièrement ; l'air
» circule, en effet, partout avec une égale facilité, ce qui ne
» saurait avoir lieu lorsque les poignées sont réunies par des

» liens. Ceux-ci ont en outre l'inconvénient, lorsque le temps
» est pluvieux, de retenir l'eau dans la partie de la tige qu'ils
» compriment et de lui faire éprouver un commencement de
» rouissage duquel il résulte, lorsqu'on procède au rouissage
» général, que certaines parties sont déjà trop avancées,
» lorsque les autres ne sont encore qu'à point. »

Il faut de huit à quinze jours, suivant le temps, pour que la
fanaison soit complète. On la reconnait à la raideur des tiges.
Par un temps sec, on fait mettre le lin en botte de 1 mètre 15
de tour, pesant environ 10 kilos, puis on le rentre dans la
grange où il se rasseoit. La récolte d'un hectare de lin produit,
en moyenne, 2,500 kilos de lins en baguette.

On bat le lin en grange avec des mailloches de bois, sur un
billot et non avec des fléaux qui, mal conduits, casseraient la
soie. La capsule étant brisée, la graine est immédiatement
libre. Des cultivateurs qui ont reconnu que la graine se conser-
vait mieux dans son enveloppe jusqu'au moment de son emploi,
ont donné la préférence au peigne pour la séparation de la
graine. Le peigne est en fer, il a deux ou trois rangs de dents,
et se fixe sur un chevalet. L'ouvrier prend une poignée de lin
du côté des racines, il en fait pénétrer les tiges entre les dents
du peigne et les retire ensuite vers lui jusqu'à ce que toutes
les capsules soient tombées. Pour l'égrenage, on se sert, en
Irlande, d'un instrument composé de deux rouleaux creux, en
fonte, tournant en sens inverse, ce qui est bien plus expéditif.

Un hectare de lin produit environ huit hectolitres de graine.
La graine qui provient du lin de mars (ceuillé avant la maturité)
est sans vertu pour une bonne reproduction; elle est vendue
pour le tordoir.

Nous arrivons à la préparation la plus délicate de la culture
du lin, nous voulons parler du rouissage. Cette opération a
pour but de dégager les fibres de la filasse de la paille, en
décomposant les substances gommeuses et résineuses qui les
tiennent agglutinées.

Le lin est roui soit après la récolte, soit au printemps suivant. Il y a deux manières principales de rouir le lin : à l'eau
et au pré. Nous n'entrerons pas ici dans les détails du rouissage,
préparation que nous ne conseillons pas aux cultivateurs d'en-
treprendre sur les indications données dans les livres. C'est
une opération industrielle qui demande une grande expérience;
on sait qu'une seule nuit d'orage suffit pour faire dépasser,
dans les routoirs, le temps du rouissage et occasionner de
grandes pertes. Dans le cas où le cultivateur se trouverait économiquement à portée de prés ou de cours d'eau, il serait préférable de faire venir un ouvrier rouisseur des bons pays; cet
homme le mettrait au courant de cette opération et lui éviterait
les chances de pertes par suite d'avaries. Les graves inconvénients du rouissage en eaux stagnantes, l'étendage sur les prai-

ries des produits fermentés qui répandent au loin des exalaisons insalubres, ont depuis longtemps excité la sollicitude des hommes de progrès. Plusieurs procédés ont été essayés pour remplacer le rouissage, notamment les solutions étendues d'acide sulphurique ou de soude caustique, les eaux de savon noir, le lait de chaux ; mais les bains ont présenté des inconvénients et des chances qui les ont fait abandonner. Des essais faits en Allemagne ont paru donner des résultats satisfaisants sur le procédé de rouissage à la vapeur mis en pratique en Amérique et en Irlande. Mais des essais tentés à Lille n'ont pas obtenu, nous a-t'on dit, même succès. La nature du lin en a été tant soit peu altérée. Voici succinctement comment M. Dumet décrit ce nouveau procédé de rouissage.

Le lin est placé, dans les cuves de rouissage, debout serré, maintenu par des barres et quelques clavettes. Ces cuves sont à double fond ; le faux fond, sous lequel on amène la vapeur à volonté, est percé de trous comme dans une cuve à brasser. La cuve étant remplie d'eau, de façon que l'immersion soit complète, on introduit la vapeur dans le serpentin, de manière à élever graduellement la température jusqu'à 22 degrés centésimaux. La fermentation ne tarde pas à commencer, elle s'annonce par un dégagement de nombreuses bulles de gaz et entretient presque seule la température initiale pendant 60 jours. Le rouissage est à son terme, lorsque la fermentation cesse presque entièrement ; elle ne dure ordinairement que trois jours.

Le lin enlevé par poignées est mis au séchoir, et la dessication est terminée en plaçant le lin avant le teillage dans une pièce contigüe aux fourneaux et chauffée par la chaleur perdue des générateurs.

Le broyage et le teillage des lins, après le rouissage sont encore des préparations que nous conseillons aux cultivateurs de laisser faire à l'industrie qui la fera bien plus économiquement surtout avec les nouvelles machines dont M. Payen nous donne la description.

Le lin est broyé et teillé par deux machines. Dans la première opération, le lin étendu en nappe passe successivement entre cinq paires de cylindres à cannelures, graduellement plus fines. Les tiges étant concassées dans tous les *porte-à-faux*, entre les cannelures, on procède à la seconde opération pour en éliminer la chenevotte, afin d'obtenir la filasse. Les nappes broyées sont conduites par une chaine sans fin dans la seconde machine où elles sont battues par des tringles en fer, disposées suivant les génératrices des deux cones entre lesquels la filasse est frottée sur les deux faces des nappes. Celles-ci, arrivées à l'extrémité, sont en partie nettoyées de toute chenevotte ; mais, reprises une seconde fois en sens inverse, elles sortent complètement épurées.

Nous terminons ce travail par une indication du prix de

revient des diverses opérations que nous venons d'énumérer,
sur les renseignements qui nous ont été fournis par un linier
de Moy. On comprendra que ces évaluations doivent se modifier
suivant les lieux et les circonstances. Nous séparons les deux
sortes de frais dans l'évaluation faite pour un hectare :

FRAIS DU CULTIVATEUR.

Location de la terre et impositions. .	110 fr.
Engrais (1)	150
Culture, ensemencement.	60
Graine de semence (2).	135
Sarclage	36
	491 491 f.

FRAIS DU FABRICANT DE LINS.

Arrachage.	30 f.
Battage, rouissage	63
Teillage	157
	250 250
	741 f.

M. Mareau, dans son rapport à M. le Ministre, évalue les
frais, en Belgique et en Hollande, à 727 fr. — M. Dorey, dans
sa brochure, les évalue à 745 francs dans l'arrondissement du
Havre.

La culture du lin se pratique en France de bien des manières
et se divise suivant les habitudes et les circonstances locales.
Dans beaucoup de contrées, le cultivateur fait lui-même toutes
les opérations de la culture, récolte, rouissage et teillage du
lin.

Dans la vallée de l'Oise, le cultivateur fournit la terre amendée et cultivée moyennant un prix de location convenu. Le
linier fait semer, sarcler, récolter le lin à ses risques et périls.

En Flandre, c'est le cultivateur qui, lui-même, ensemence

(1) Nous ne comptons que la moitié d'une fumure ; car, nous admettons
que le lin semé en première ou en seconde année de fumure, n'a pas seul.
absorbé la totalité de l'engrais employé.

(2) Nous avons dit que la graine de Riga qui s'employait la première année
pour les lins de mai coûtait, pour 2 h. 50, à 60 fr., 150 fr. ; et que la graine
d'après tonne ou de seconde année coûtait, à 40 fr l'hectolitre, pour 3
hectolitres, 120 fr.; le prix moyen de semence sera donc de 135 francs
l'hectare.

le lin dans la terre qu'il a préparée, puis le soigne, le fait sarcler, et, lorsqu'il est en fleur, le vend sur pied aux marchands de lins qui le récoltent à leurs risques et périls et le font ensuite battre, broyer et teiller, comme ils le jugent convenable.

Ce mode de division nous parait le plus naturel et le plus convenable et pour le cultivateur, et pour l'industriel. C'est celui que nous conseillons aux cultivateurs d'adopter, afin d'introduire économiquement et sans embarras la culture du lin dans leur assolement. Mais, nous ne saurions trop le recommander, il faut que le cultivateur soit bien fixé à l'avance sur le produit qu'il veut obtenir, afin de ne pas faire de fausse application dans le choix de la terre, dans l'espèce de graine à semer, dans l'époque de l'ensemencement, et surtout le degré de maturité de la tige, à l'époque de la ceuillée, tous points qui diffèrent entièrement, suivant l'espèce de lin qu'on veut produire.

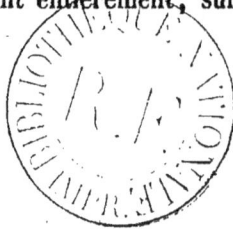

Ch. GOMART.

www.ingramcontent.com/pod-product-compliance
Lightning Source LLC
Chambersburg PA
CBHW070754210326
41520CB00016B/4691